Casse-Tête,

Ou Enigmes Chinoises.

PARIS, chez l'Auteur, Quai de la Mégisserie, N.o 34.

Le *Casse-Tête*, *ou Énigmes Chinoises*, ainsi que les *Énigmes Russes*, se vendent à Lille, chez CASTIAUX, Libraire.

La lettre (V) indique les parties qu'on doit laisser vides en copiant les figures.

Enigmes Chinoises.

Ce jeu consiste à imiter au moyen de sept pièces géométriques, (un carré, un Rhomboïde, deux grands, un moyen et deux petits triangles) non seulement toutes les combinaisons que présentent les tracés contenus dans ce livre, mais encore toutes celles auxquelles les diverses dispositions de ces sept pièces peuvent donner naissance, et qui sont susceptibles d'être multipliées à l'infini.

Ces combinaisons sont appelées énigmes, parce que le joueur est obligé de deviner la place que chaque pièce doit occuper pour imiter le tracé qui lui est offert, et que très-souvent, il est obligé de renoncer à ses recherches, à cause des difficultés qu'il rencontre. Il ne faut pas qu'il infère de ces difficultés, que la figure dont il a le tracé sous les yeux, ne puisse être faite, puisque toutes ont été formées en réunissant les sept pièces; je dis en réunissant les sept pièces, parce que faire les figures sans le concours de toutes ces pièces, est aussi défectueux que de n'avoir pas su les former.

Quelques figures (Pl. 1 et 2) ont été ponctuées, afin de donner une idée de l'emploi et du placement des pièces dont on se sert dans le Petit Casse-Tête, ou jeu des Enigmes Chinoises.

L'enfant puisera dans ce jeu, un esprit de calcul qui le préparera à l'étude des mathématiques; l'homme étranger à la géométrie s'en amusera, en voyant à combien de combinaisons les sept pièces dont ce jeu est composé, peuvent donner lieu; les dames y trouveront de quoi exercer l'intelligence et la finesse des conceptions qui sont comme innées chez elles ; le solitaire et tous ceux qui évitent les jeux d'exercice, ou qui recherchent les distractions paisibles, y trouveront un moyen innocent et sûr d'égayer les instans qu'ils ne donneront pas au travail.

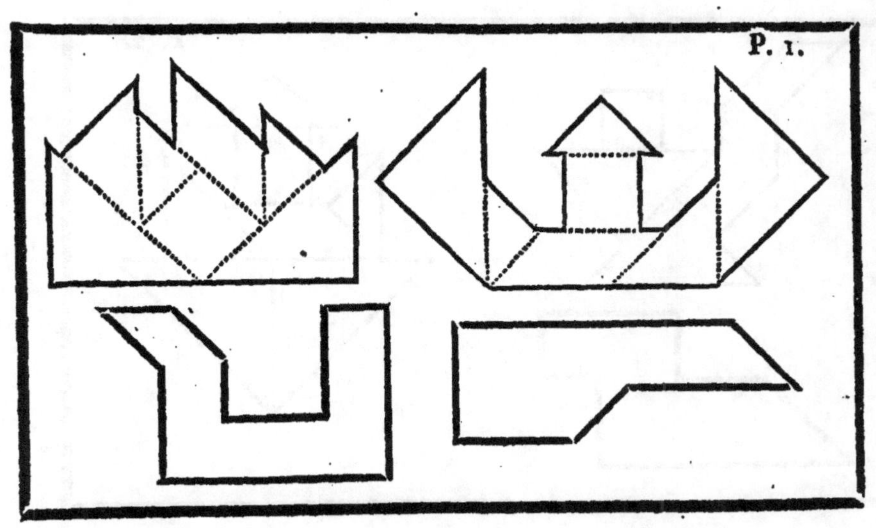
P. 1.

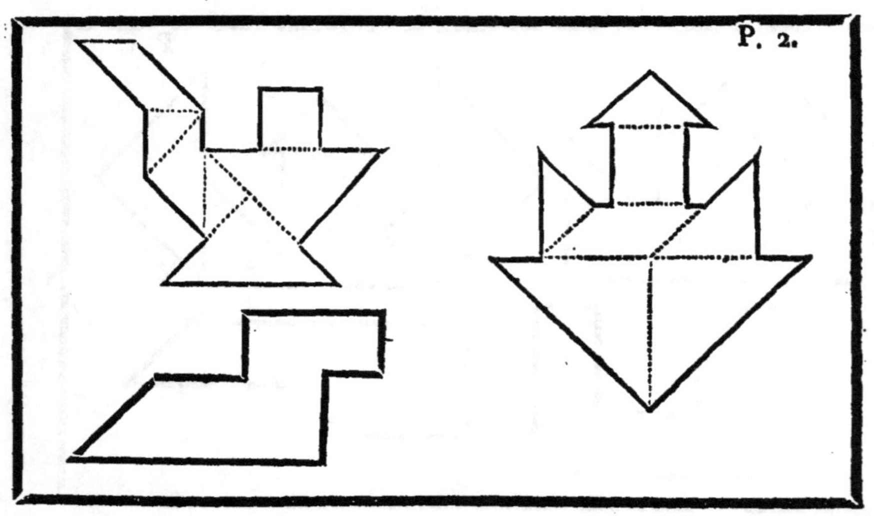
P. 2.

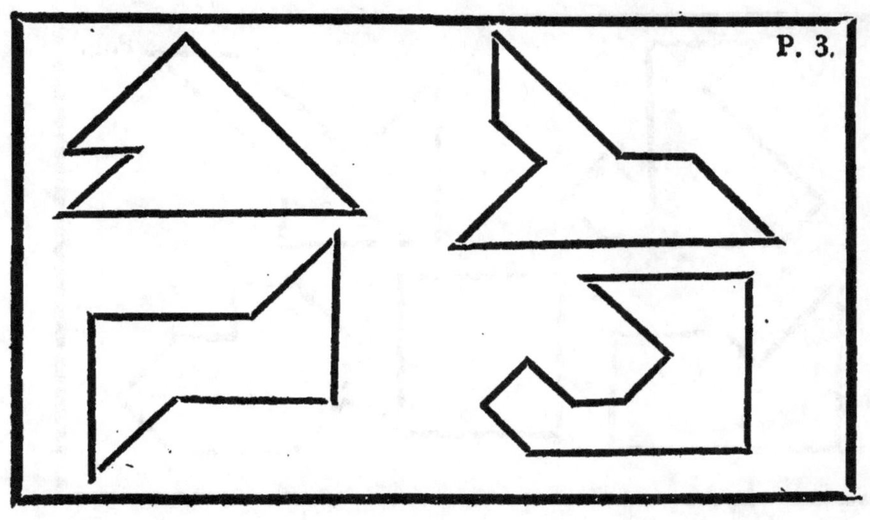
P. 3.

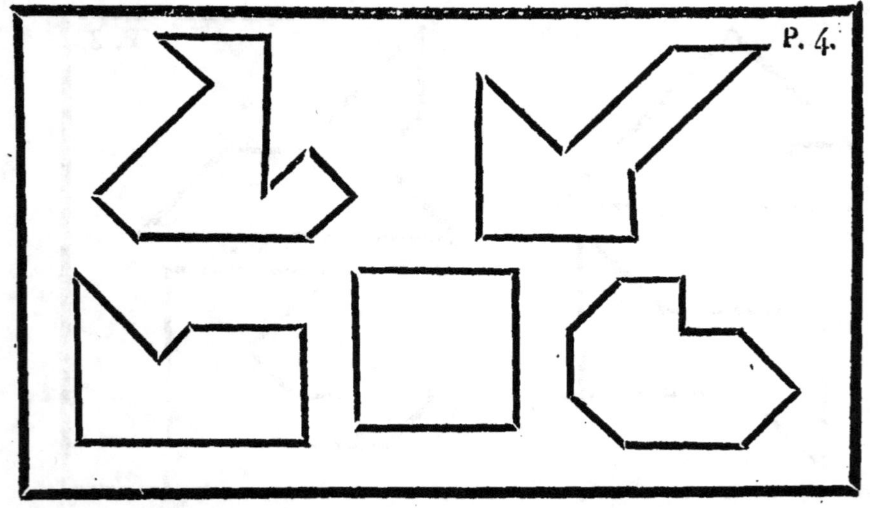
P. 4.

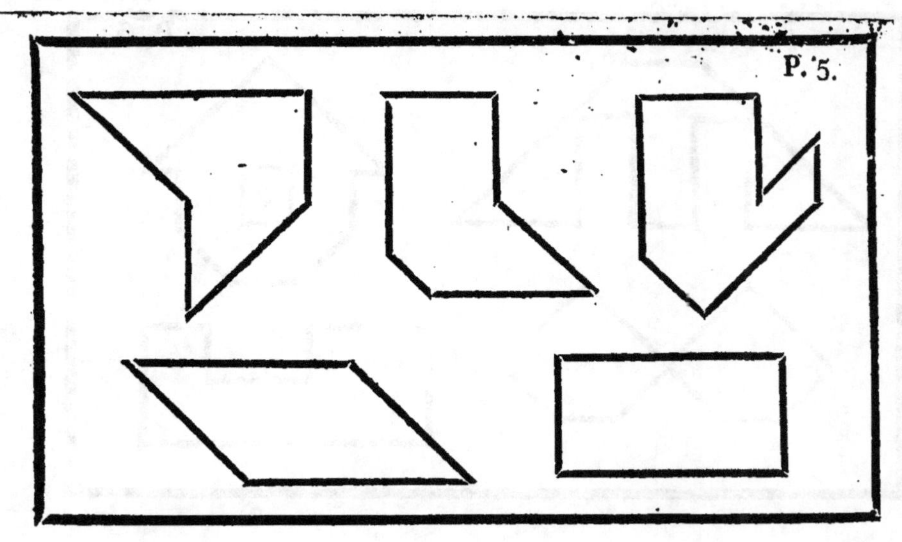
P. 5.

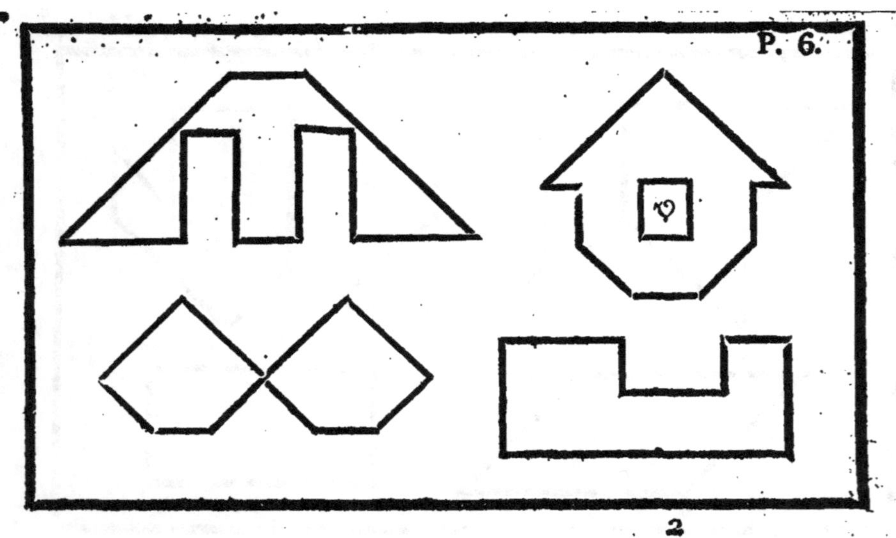
P. 6.

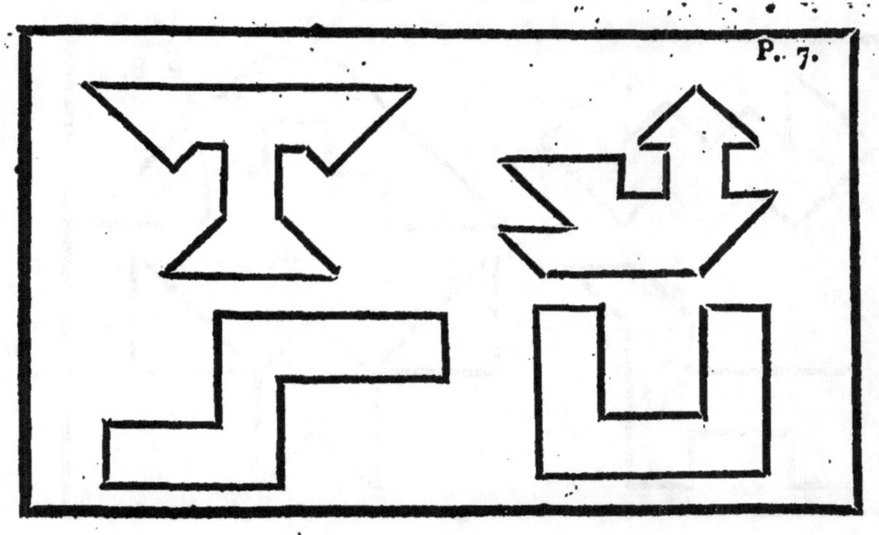
P. 7.

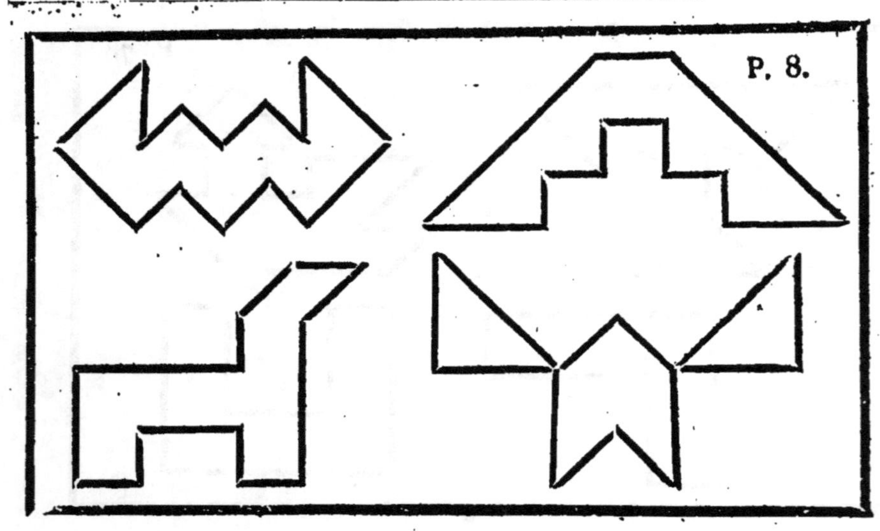
P. 8.

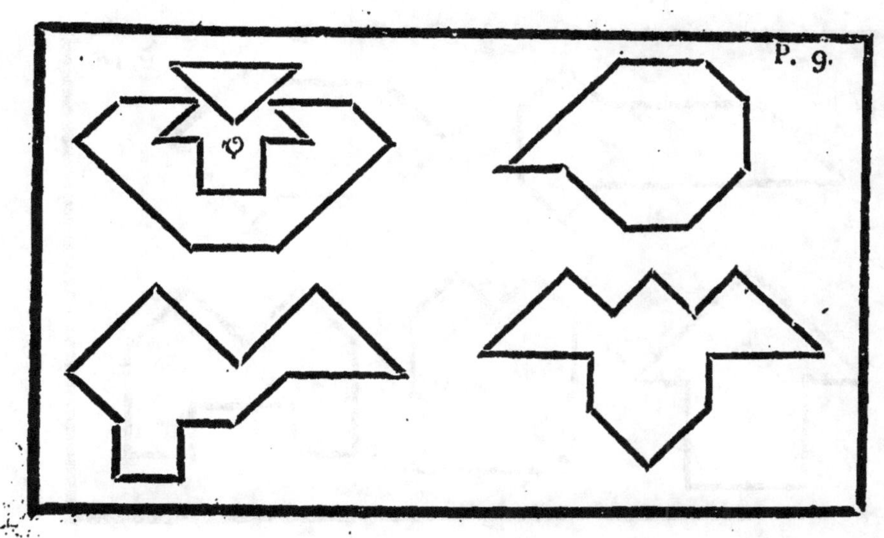
P. 9.

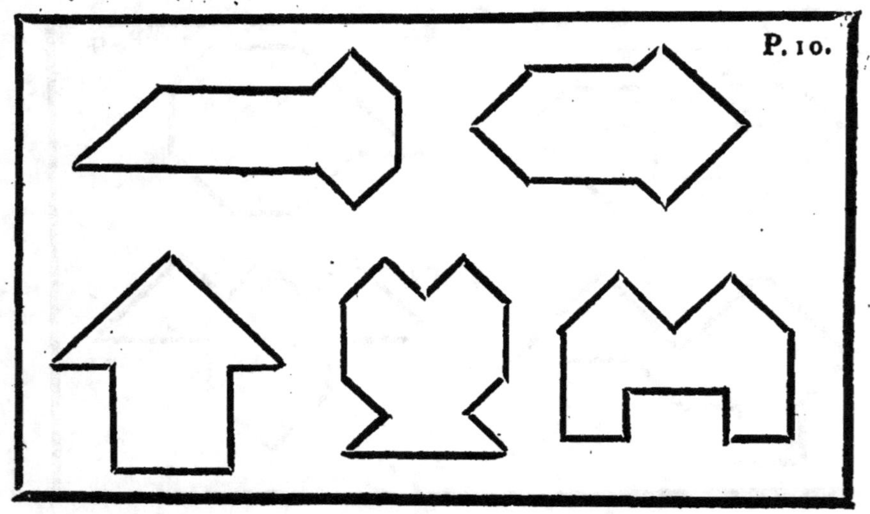
P. 10.

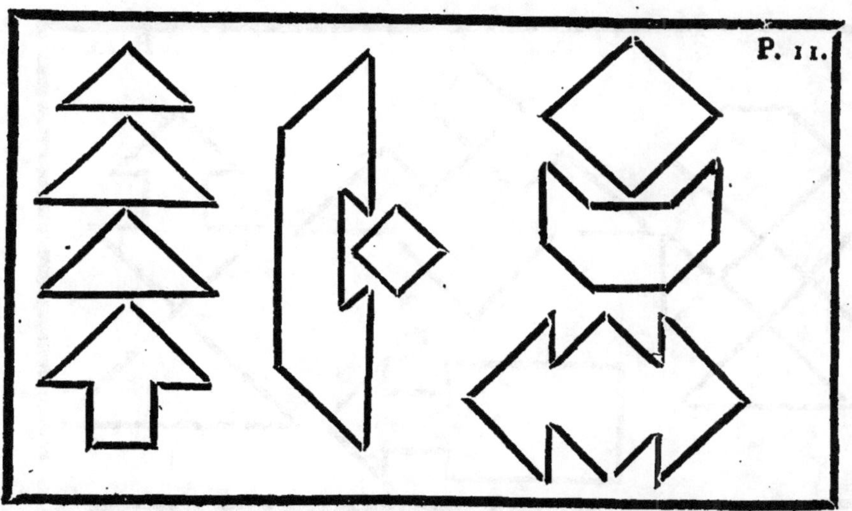
P. 11.

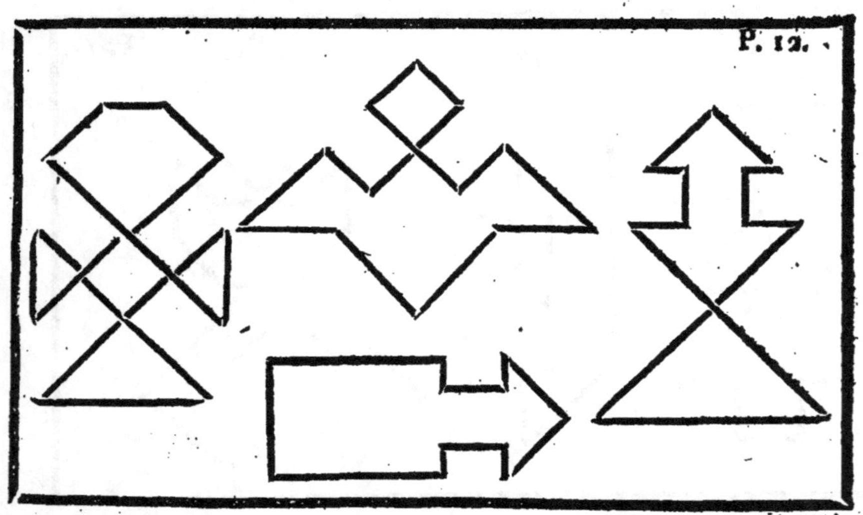
P. 12.

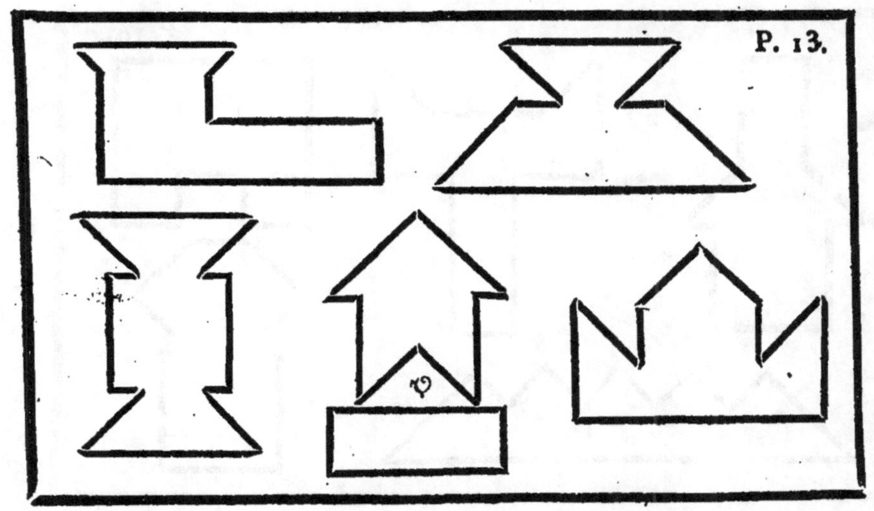
P. 13.

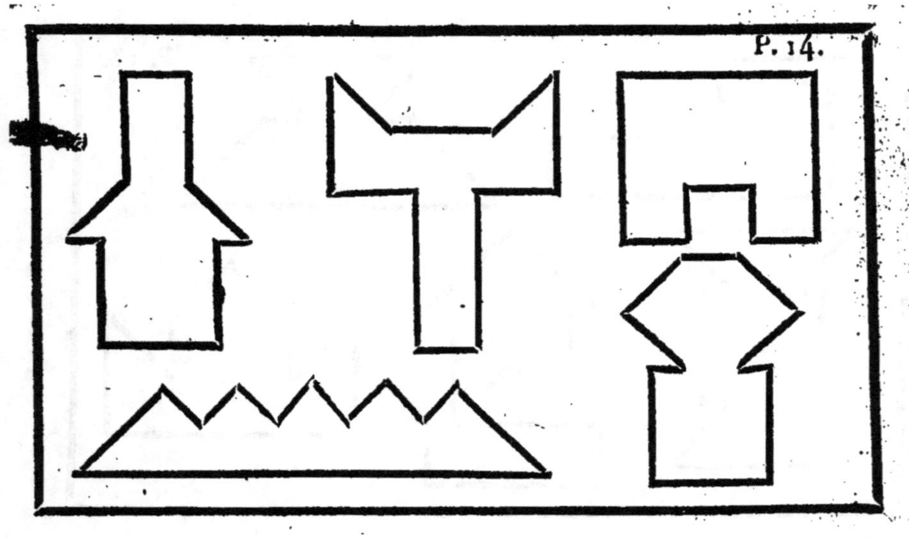
P. 14.

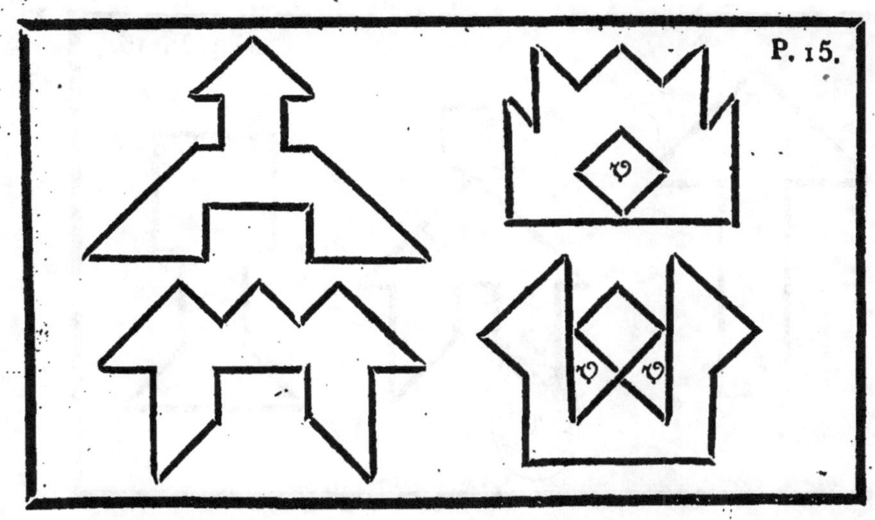
P. 15.

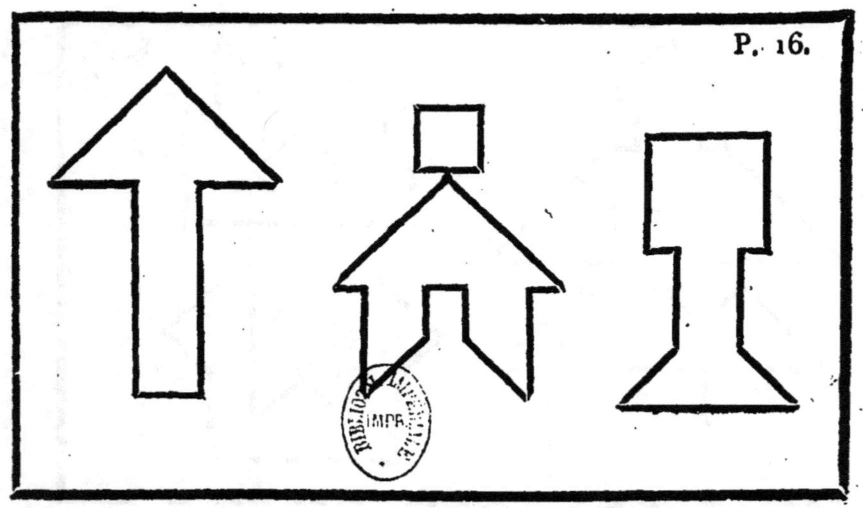
P. 16.

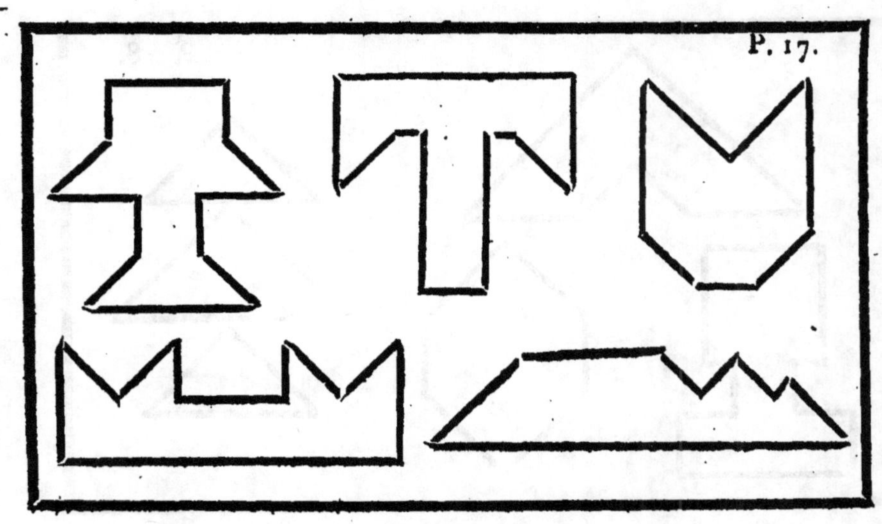
P. 17.

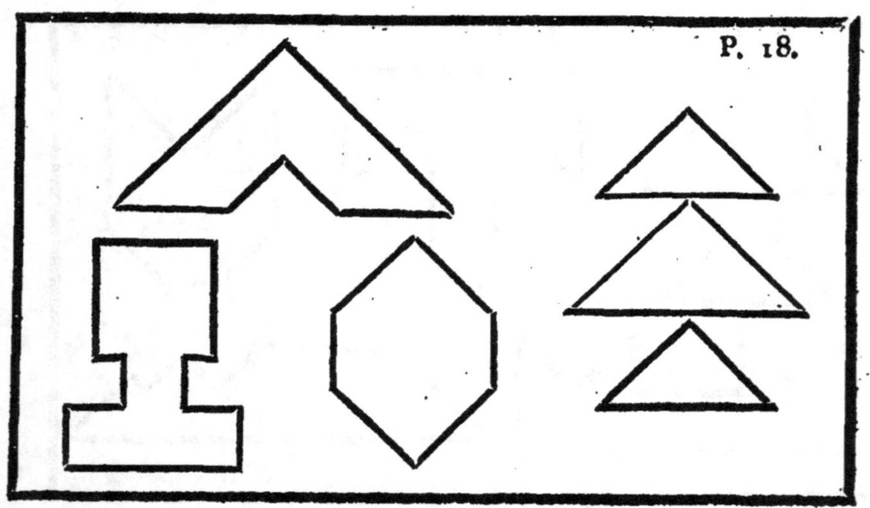
P. 18.

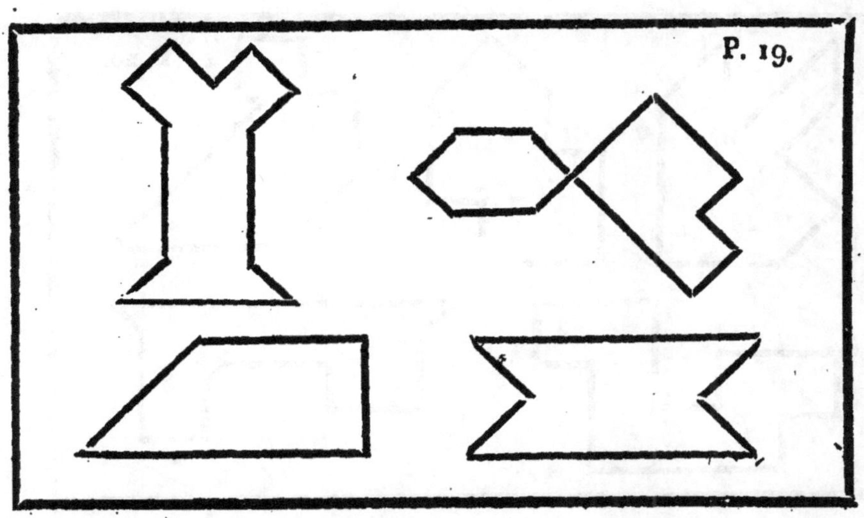
P. 19.

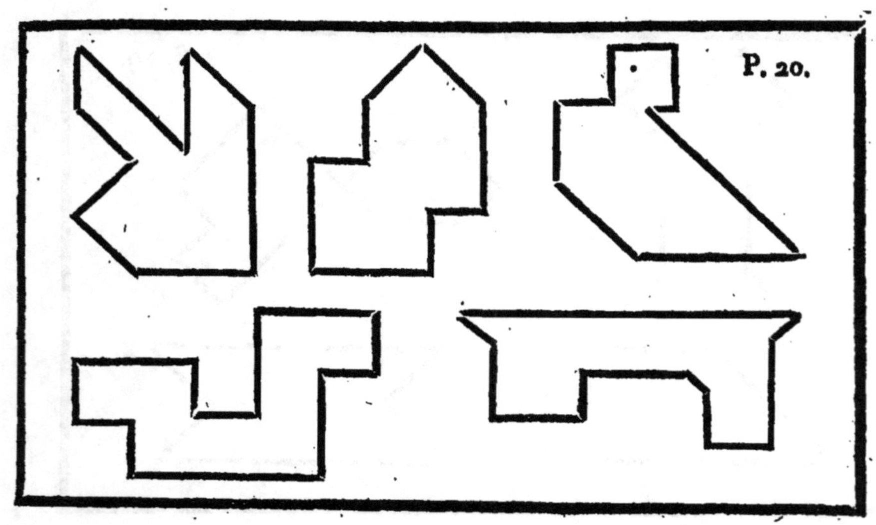

P. 20.

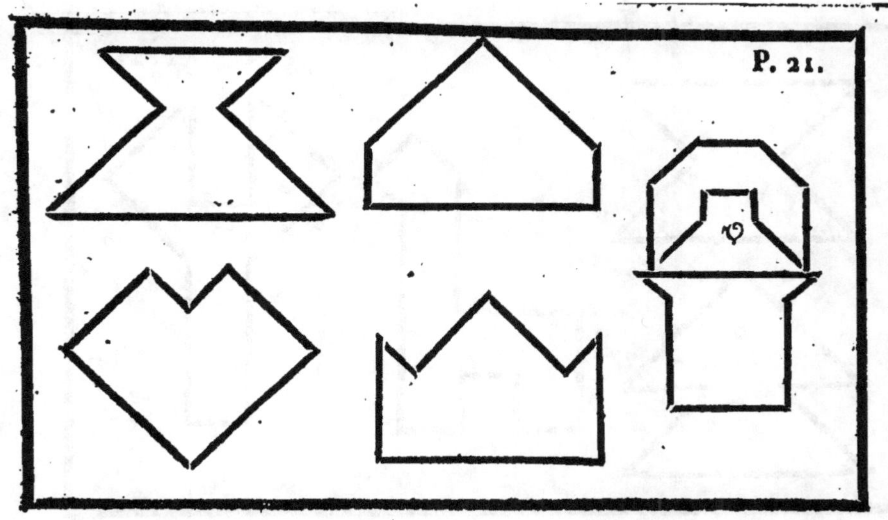
P. 21.

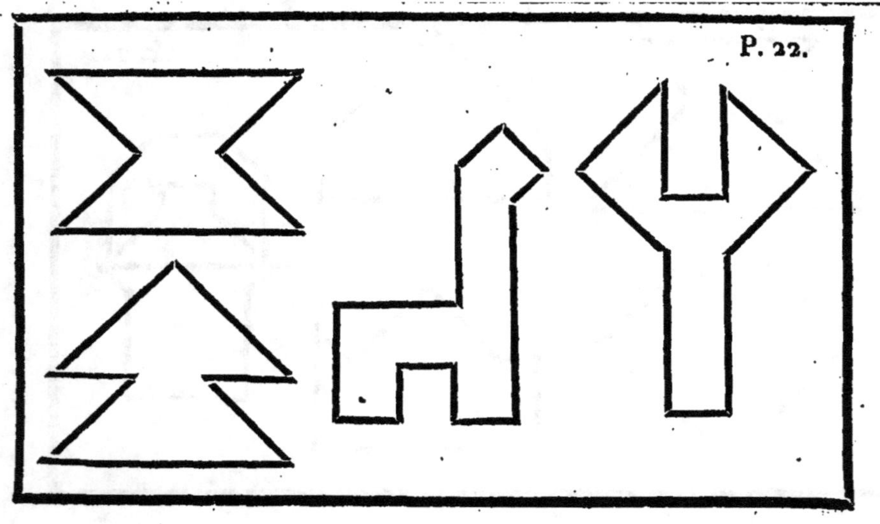
P. 22.

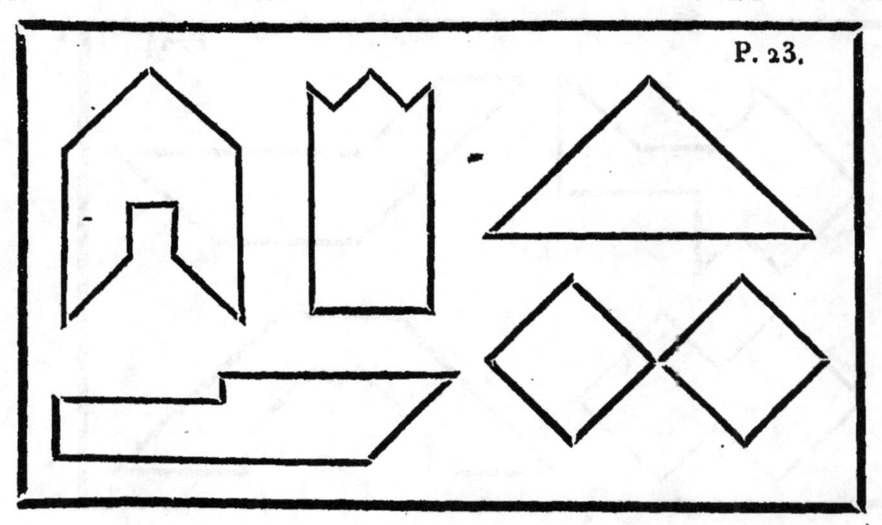
P. 23.

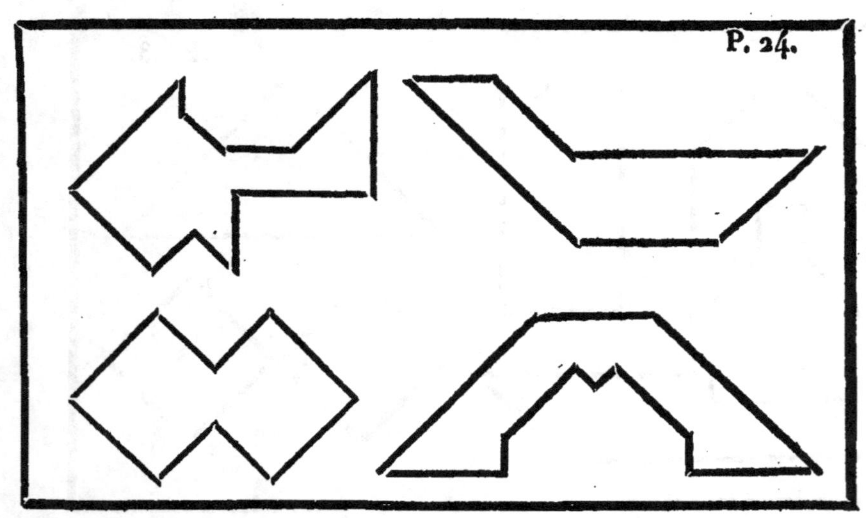
P. 24.

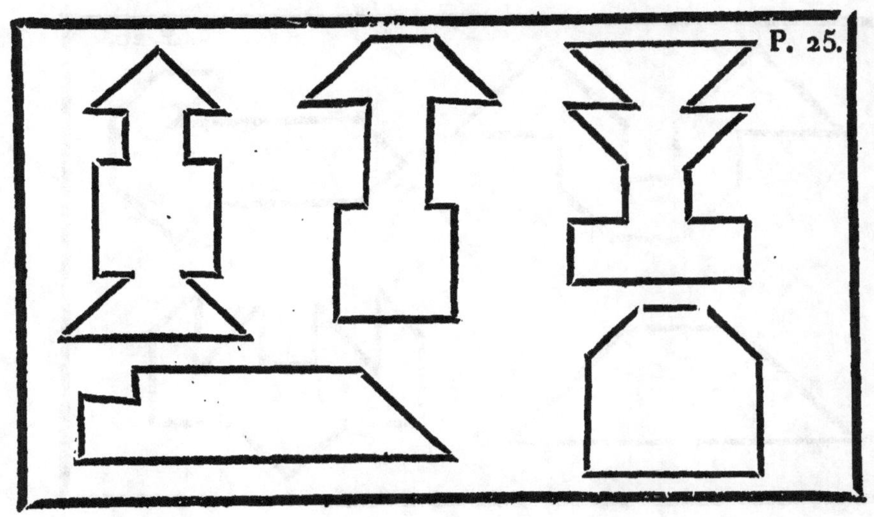
P. 25.

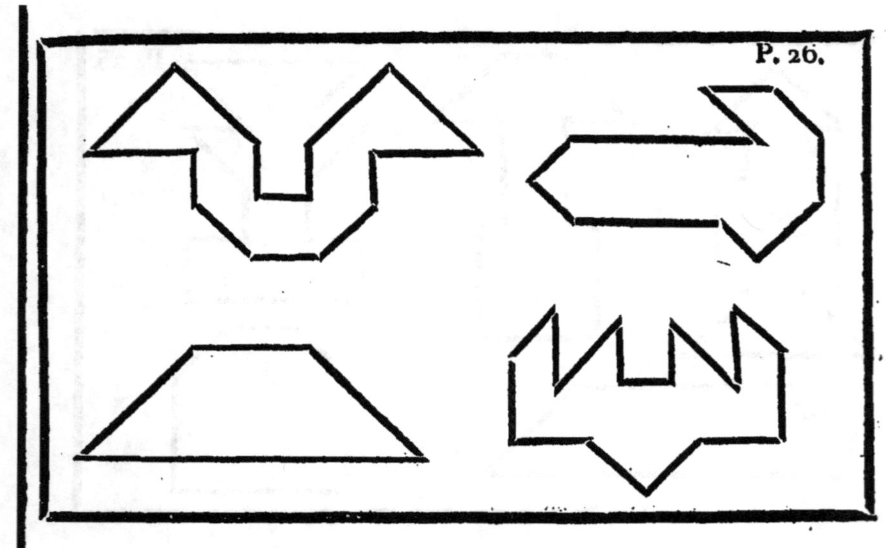
P. 26.

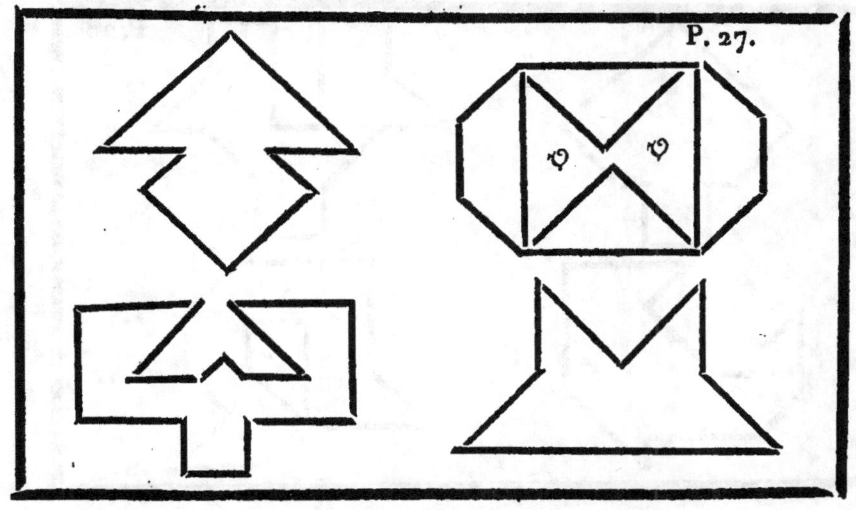
P. 27.

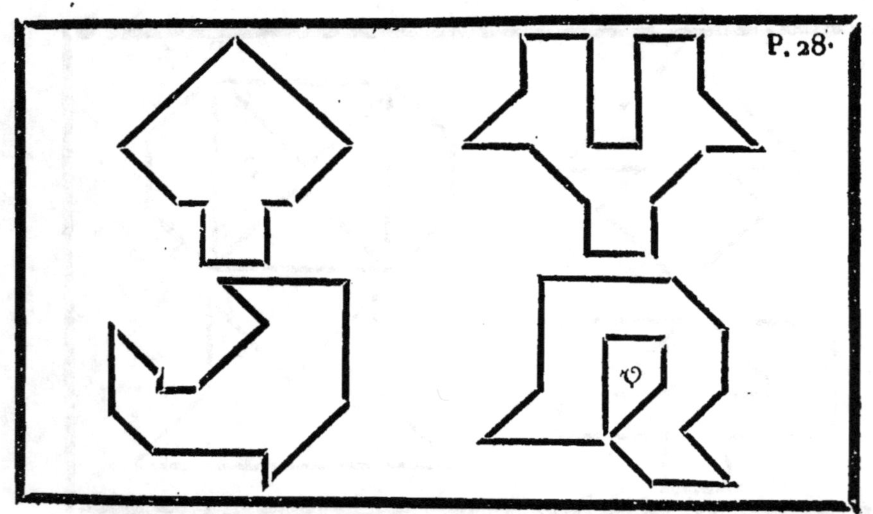
P. 28.

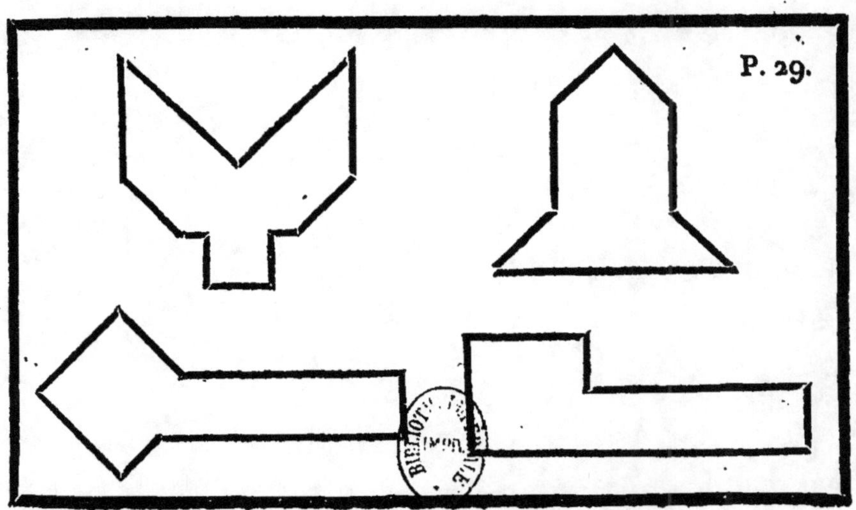
P. 29.

www.ingramcontent.com/pod-product-compliance
Lightning Source LLC
LaVergne TN
LVHW012023160826
845678LV00002B/999

* 9 7 8 2 3 2 9 6 4 5 6 0 5 *